300 PREGUNTAS TIPO TEST SOBRE DESALADORAS DE AGUA DE MAR Y SALOBRE

Por

Raúl Fernández Cózar

BELLISCO
Ediciones Técnicas y Científicas

MADRID

1ª Edición 2024

© *Raúl Fernández Cózar*
© *BELLISCO. Ediciones Técnicas y Científicas*
  Cebreros 152. Local Posterior
  28011 MADRID

  Teléfono: **91 464 18 02**
  Correo Electrónico: ***información@belliscovirtual.com***

 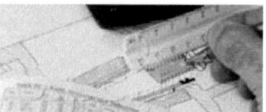

Librería On-Line: ***www.belliscovirtual.com***

PEDIDOS:

1. ***Por Teléfono: 91 464 18 02***
2. ***En web,*** ***www.belliscovirtual.com***
3. ***Correo Electrónico:*** ***pedidos@belliscovirtual.com***
4. ***En su Librería Habitual***

Impreso en España
Printed in Spain

ISBN: 978-84-128031-7-4
Depósito Legal: M-12217-2024

IMPRESO POR: SERVICEPOINT. Salcedo 2 – 28043 MADRID. Tel. 91 210 82 44

A mis hijos, mi locura y mi orgullo

Al pequeño Raúl

Nota del autor

En relación al contenido, mi opinión es, después de más de 35 años de desarrollo profesional en el mundo del agua, que en una planta industrial de tratamiento, el manager, operador, técnico y/o ingeniero debe, si no ser obligatoriamente especialista, sí al menos conocer aspectos básicos de economía, mecánica, electricidad, electrónica, neumática y control y automatismos, aparte de dominar el propio proceso. Es por ello que hay preguntas en el test que tienen que ver directamente con estas materias y deseo que el lector las sepa apreciar y pueda aprovecharlas. Sin duda, algún día le serán útiles en el desempeño de su labor profesional o docente.

En la primera edición del libro "300 preguntas tipo test sobre EDARs y ETAPs" se me solicitó por parte de algunos lectores que explicara las respuestas del test.

Dado que hoy en día prácticamente toda la documentación la tenemos en la red, y siendo mi intención que el estudiante o profesional investigue y amplíe la información que estos libros presentan, decidí en aquel momento inicial no justificar las soluciones.

No obstante, y dado que el mundo de la desalación es más reciente y quizás aún menos explorado que los anteriores, en este libro sí se recogen breves explicaciones a las respuestas.

Agradezco de corazón a todas las personas que compraron las preguntas sobre plantas potabilizadoras y depuradoras de residuales, y por supuesto también a todas aquellas que han comprado este libro sobre desalación.

El agua es mi vida, y deseo que también pueda ser la vuestra.

A todos los seres humanos, que necesitan imperiosamente este líquido para vivir.

1- Para la desalación de agua de mar en un solo paso, actualmente (año 2024) se trabaja con tubos de presión de hasta (señalar la incorrecta):

a) Seis (6) membranas

b) Siete (7) membranas

c) Ocho (8) membranas, pero esta opción se utiliza poco aún

d) Diez (10) membranas

2-En la desalación de agua de mar en un solo paso, se trabaja normalmente con una conversión del:

a) 30%

b) 55%

c) 45%

d) 60%

3- Las membranas de O.I. de poliamida en general no toleran el/los:

a) Boro

b) Cloro

c) Sodio

d) Sulfatos

4-La tasa hidráulica habitual para el lavado de membranas es de:

a) 15 m3/h por cada tubo de presión de 8"

b) 9 m3/h por cada tubo de presión de 8"

c) 5 m3/h por cada tubo de presión de 8"

d) 18 m3/h por cada tubo de presión de 4"

5- ¿Cuál de estas afirmaciones es cierta?

a) La recuperación de energía depende de la potencia de la bomba de alta presión

b) La recuperación de energía en una planta de O.I. es siempre constante

c) La recuperación de energía es nula

d) La recuperación de energía se realiza aprovechando la corriente de rechazo

6-La presión de operación de una planta de O.I.:

a) Es menor cuanto menor es la temperatura del agua

b) Es mayor cuanto mayor es la temperatura del agua

c) Depende de la salinidad del agua de mar

d) Es independiente de la presión osmótica

7-Los intercambiadores de presión en una planta de desalación:

a) Nivelan la presión de la bomba de alta

b) Recuperan energía

c) Ya no se utilizan por su bajo rendimiento

d) Tienen una eficiencia del 50%

8-El material más adecuado de la lista para un depósito de almacenamiento de ácido sulfúrico al 98% en una planta desaladora es:

a) PVDF (polifluoruro de vinidileno)

b) PVC (cloruro de polivinilo)

c) PEAD (polietileno alta densidad)

d) PRFV (poliéster reforzado con fibra de vidrio)

9-La presión de salida de la salmuera en un sistema de intercambiadores de presión:

a) Tiene que tener un valor mínimo de 0,8-1 bar

b) Es cero

c) Es despreciable

d) Hay que conectarla a otro sistema de intercambiadores

10-Cuanta mayor número de membranas en un rack, la presión de operación necesaria será:

a) Mayor

b) Menor

c) Independiente

d) La mitad del número de tubos

11-Para eliminar el Boro en un sistema de O.I. se utiliza como una de las opciones:

a) Se baja el pH con ácido

b) Se incrementa el número de tubos de presión

c) Se incrementa el pH con una base

d) Se añade hipoclorito sódico

12-La potencia de los transformadores de voltaje de baja tensión en una desaladora es:

a) Potencia reactiva y se mide en KVA

b) Potencia aparente y se mide en KVA

c) Potencia activa y se mide en KVA

d) El factor de potencia y se mide en KVA

13-Para preparar una prueba de dosis necesaria de permanganato potásico, se prepara una solución conocida y se ajusta el pH a un valor de:

a) 2 con acido cítrico al 33%

b) 7 con sosa 2 molar

c) 9,5 con sosa 5 molar

d) 7 con ácido cítrico 5 al 33%

14-Sin tener en cuenta la densidad, una concentración del 1% corresponde a:

a) 100 g/l

b) 1 Kg/m3

c) 1 g/l

d) 10 kg/m3

15-Un SDI (Silt Density Index) adecuado en la entrada de un rack de membranas es:

a) Menor de 15

b) Menor de 3

c) No es un parámetro necesario en una desaladora

d) Menor de 8,5

16-Qué porcentaje de seguridad es normalmente utilizado para elegir la potencia de un motor?

a) El doble de la potencia consumida por la bomba

b) El mismo valor de potencia consumida por la bomba

c) La intensidad consumida por la bomba por raíz de 3.

d) Un 20% más de la potencia consumida por la bomba

17-Para remineralizar el permeado con dióxido de carbono normalmente

a) Se licúa el CO2 que está almacenado como gas en los tanques

b) Se evapora el CO2 que está almacenado líquido en los tanques

c) Se necesitan al menos 3 líneas de condensación

d) Se dosifica en polvo como un extintor

18-La cavitación en la bomba de agua bruta de una desaladora se produce porque:

a) La presión en la aspiración se reduce por debajo de la presión de vapor y en el interior las burbujas regresan al estado líquido

b) La presión de aspiración se eleva por encima de la presión de vapor y en el interior las burbujas pasan de líquido a vapor

c) La presión de aspiración se iguala a la presión de descarga

d) La bomba ya ha cumplido su vida útil

19-Para una bomba de alta presión equipada con un motor de 2.500 Kw, el sistema de arranque que se utiliza técnico-económicamente en una desaladora es:

a) A válvula de descarga cerrada y apertura gradual

b) Con variador de velocidad

c) A válvula totalmente abierta

d) Con la bomba de agua bruta parada

20-La presión osmótica del agua de mar depende de:

a) La presión de operación

b) La salinidad del agua

c) Caudal de permeado a conseguir

d) pH

21-En caso de fuga de cloro gas en una desaladora, el sistema de neutralización debe:

a) Renovar el aire contaminado tomando desde arriba de la sala

b) Poner en marcha los extintores

c) Disponer de agua a presión

d) Neutralizar el aire contaminado con sosa

22-La potencia absorbida por una bomba centrífuga en la desaladora:

a) Depende del caudal pero no de la altura a la que bombea

b) Sólo depende de la altura a la que bombea

c) Depende del caudal, la altura y el rendimiento

d) Depende del caudal, altura, rendimiento y del voltaje de alimentación

23-La bomba de recirculación del sistema de recuperación de energía se denomina:

a) Bomba de energía libre

b) Bomba booster

c) Bomba de alta presión

d) Bomba de rechazo

24-Un óptimo sistema para medir en un depósito la altura de ácido sulfúrico es:

a) Nivel de inserción

b) Tipo ultrasónico

c) Tipo radar

d) Tipo piezo-resistivo

25-Cuando hay cloro libre residual en un agua pretratada antes de entrar a membranas de poliamida:

a) Debe sonar una alarma y avisar del peligro

b) Las membranas funcionarán mejor

c) No influye en el funcionamiento

d) Eliminaremos los malos sabores del cloro

26-La señal proporcional de un PID:

a) Es menos precisa que la de un PI

b) Sirve para ajustar variables

c) No necesita elemento de control

d) Necesita por lo menos 4 elementos de control a la vez

27-El TAC (Título Alcalimétrico Completo) de un agua incluye:

a) Calcio y Magnesio

b) Bicarbonatos e hidróxidos

c) Hidróxidos y la mitad de carbonatos

d) Hidróxidos, bicarbonatos y carbonatos

28-La secuencia de arranque de las bombas en una desaladora es:

a) Booster, agua bruta y alta

b) Alta, booster y agua bruta

c) Alta, agua bruta y booster

d) Agua bruta, booster y alta

29-Normalmente, al desalar agua de mar, el agua producto que sale de las membranas es:

a) Ácida

b) Muy alcalina

c) Turbia

d) Salada

30-Las corrientes de un sistema de O.I son:

a) Alimentación, permeado y rechazo

b) Agua bruta, agua rechazo y agua de recirculación

c) Agua bruta, agua producto y agua de recirculación

d) Agua bruta, alimentación y salmuera

31-Señala la respuesta correcta:

a) Los diámetros industriales normales para las membranas son 4"y 8".

b) Las membranas más utilizadas en O.I. son las de fibra hueca

c) Los tubos de presión pueden aguantar hasta 20 bar

d) Las membranas de 16" son las más utilizadas actualmente

32-Una tasa habitual de reposición de membranas es:

a) Una vez al año

b) 100% cada 7 años

c) Entre 5 y 15 % anual

d) Las membranas se lavan y no hace falta reponerlas hasta pasados 10 años

33-A qué se llama "Mantenimiento en Uso" para un operador de desaladora:

a) Es una mezcla entre preventivo y correctivo

b) Tomar datos, inspecciones visuales y tareas sencillas

c) Cuando se utilizan ultrasonidos para detectar los errores

d) Es una puesta a cero de la máquina

34-El cálculo de la sección de un cable eléctrico depende de:

a) Potencia, voltaje y caída de tensión

b) Longitud del cable y caída de tensión

c) Caída de tensión, potencia, voltaje y longitud del cable

d) Caída de tensión, voltaje y longitud del cable

35-Un tacómetro se usa en mantenimiento para:

a) Medir la temperatura de un rodamiento

b) Fijar con tacos una bomba centrífuga

c) Medir la velocidad de rotación

d) Medir la desalineación de un conjunto motor-bomba

36-Un variador de frecuencia aplicado a una bomba centrífuga:

a) Cambia el caudal y la altura de la bomba

b) Cambia el caudal, pero no la altura

c) No tiene sentido

d) Se instala sólo en bombas de más de 10 kw

37- Desde el punto de vista de resistencia a la corrosión por pitting, el mejor material a utilizar en las desaladoras es:

a) Superduplex

b) Duplex

c) AISI 904 L

d) AISI 316 L

38-Si se detecta un valor de cloro de 0,2 ppm en la línea, la dosis más aproximada de bisulfito sódico a utilizar sería de:

a) 2 ppm

b) 0,6 mg/l

c) 2 mg/l

d) 0,2 ppm

39-Sin contar pérdidas, ¿qué % del caudal de alimentación a los intercambiadores de presión en línea de alta se convertirá en salmuera?

a) 90%

b) 100%

c) 0%

d) Apenas un 5%

40-La remineralización del permeado en una desaladora de agua de mar normalmente se realiza con:

a) Ácido sulfúrico y cal

b) CO_2 e hidróxido cálcico

c) Ácido sulfúrico y calcita

d) NaOH

41-Para realizar un CIP de membranas, normalmente se utilizan:

a) Ácido sulfúrico y sosa

b) EDTA y sosa

c) EDTA, ácido cítrico y sosa

d) Ácido muriático y carbonato sódico

42-La configuración más utilizada para las membranas de desalación de agua de mar es:

a) Arrollamiento en espiral

b) Fibra hueca

c) Arrollamiento en fibra hueca

d) Plana

43-Si queremos que la limpieza de membranas sea más efectiva, deberíamos:

a) Enfriar la solución a temperatura ambiente

b) Bombear con más presión

c) Calentar la solución a 35-40ºC

d) Echar más ácido muriático

44-En un tubo de presión con 7 membranas del mismo tipo, el elemento que más salinidad recibe es:

a) El cuarto

b) El primero

c) La salinidad es la misma en todos

d) El último

45-Antes del colector de entrada en baja a los intercambiadores de presión convendría colocar un/una:

a) Válvula de retención

b) Válvula de alivio de presión

c) Estabilizador de flujo

d) pH-metro

46-Los filtros de cartuchos que se utilizan normalmente en el pretratamiento de una desaladora suelen tener un micraje de:

a) 10 micras relativas

b) 5 micras nominales

c) 5 micras absolutas

d) 3 micras nominales

47-Las válvulas de alta presión que más se utilizan en desalación de agua de mar son las:

a) Válvulas de macho

b) Válvulas de hembra

c) Válvulas de mariposa

d) Válvulas tri-excéntricas

48-Un índice de Langelier de -0,1 significa que el agua es:

a) Agresiva

b) Equilibrada

c) Incrustante

d) Permeada

49-Si se utilizan filtros de arena o filtros bicapa, se suele establecer una pérdida máxima de carga entre lavados de:

a) 1 bar

b) 2 bar

c) 0,3 bar

d) 2,5 bar

50-La densidad aproximada de boquillas que se utilizan en la filtración de arena o bicapa en desaladoras es de:

a) 10 boquillas/m3

b) 50 boquillas/m2

c) 20 boquillas/m2

d) 100 boquillas/m3

51-El coseno de Fi y el factor de potencia coinciden siempre:

a) Sí, es lo mismo

b) Sólo si las distorsiones son 0

c) No, son términos completamente diferentes

d) El factor de potencia no depende de la reactiva

52-Los caudalímetros para medir el aire del lavado suele ser de tipo:

a) Electromagnéticos

b) Másicos

c) Ultrasónicos

d) Turbina

53-Para controlar que la entrada a las membranas esté exenta de cloro, lo normal es utilizar un medidor de:

a) Conductividad

b) Turbidez

c) pH

d) Redox

54-Una membrana de 8" de 1 m. de longitud para desalación de agua de mar suele tener una superficie aproximada de:

a) 20-25 m2

b) 25-30 m2

c) 35-40 m2

d) 45-50 m2

55-¿A qué presión teórica de operación empezaría a permear un sistema que trata agua de mar de 32 g/l?

a) 32 bar

b) 16 bar

c) 22 bar

d) Desde el principio del bombeo

56-Para crear un lazo PID, hace falta:

a) Un sensor y un actuador

b) Un sensor, un controlador y un actuador

c) Un actuador nada más

d) Una señal y un sensor

57-Si una válvula marca "cerrada" en el Scada, la comprobación física debe hacerse:

a) En campo mirando el volante

b) En campo comprobando el final de carrera

c) Con un manómetro justo al arrancar

d) No es necesario porque la señal es segura

58-Desde un punto de vista operativo es mejor:

a) Clorar en continuo y eliminar el cloro antes de la entrada a membranas

b) No clorar en absoluto

c) Clorar a baja dosis sin eliminar el cloro en la entrada a las membranas

d) Clorar y declorar de forma secuencial

59-En un tubo de 7 membranas del mismo modelo, la membrana que más agua permeada produce es:

a) La primera

b) La cuarta

c) Todas igual

d) La última

60-Se produce daño en las capas exteriores de la membrana cuando:

a) Se aumenta el caudal muy rápido

b) Se aumenta la presión muy rápido

c) Las capas exteriores no suelen sufrir daño nunca

d) Varía el pH muy rápido

61-En un tubo de 7 membranas del mismo modelo, la membrana que más se ensucia es:

a) La primera

b) La cuarta

c) Todas igual

d) La última

62-Después de una limpieza química de membranas hay que neutralizar el efluente:

a) Siempre

b) Sólo si se ha utilizado ácido

c) Depende del valor de pH

d) Depende de la conductividad

63-Un intercambiador de presión tiene:

a) Dos puertos de alta presión y ninguno de baja

b) Dos puertos de baja presión, uno de media y uno de alta

c) Dos puertos de baja presión y dos puertos de alta presión

d) Cuatro puertos de alta presión

64-Los intercambiadores de presión trabajan a una tensión de:

a) 400 V

b) Media tensión

c) 220 V

d) No necesitan conexión eléctrica

65-Una presunta incrustación de carbonato cálcico se elimina con:

a) Lavado alcalino

b) Lavado ácido

c) Lavado con agua de mar

d) No se forman incrustaciones de carbonato

66-Los filtros para hacer la prueba de SDI tienen un micraje de:

a) 1 micra

b) 5 micras

c) 0,45 micras

d) 0,60 micras

67-Para eliminar la turbidez del agua bruta, en desalación es aconsejable:

a) Altas dosis de coagulante

b) Baja dosis de coagulante

c) Hacer primero un Jar-test

d) Dosificar Polielectrolito

68-La alimentación de los intercambiadores de presión en función de los puntos de entrada y salida pueden ser:

a) Tipo A y B

b) Tipo U y Z

c) Tipo 1 y 2

d) Baja y alta velocidad

69-El mayor coste de explotación de una desaladora es generalmente:

a) Personal

b) Reactivos

c) Reposición de membranas

d) Energía

70-Un consumo energético específico típico en Kwh/m3 de una desaladora de agua de mar con recuperación de energía se acerca a:

a) 0,9

b) 1,8

c) 2,7

d) 4,9

71- Quince ºF (15 grados franceses) de dureza corresponden a:

a) 15 mg/l de CaCO3

b) 1500 mg/l de CaCO3

c) 1,5 mg/l de CaCO3

d) 150 mg/l de CaCO3

72-En una desaladora de agua de mar con toma, ¿qué es la cántara?

a) La zona de reactivos

b) El depósito de agua bruta

c) El depósito de agua tratada

d) La zona de neutralización

73-En una desaladora de agua salobre, ¿qué conversión puede obtenerse sin riesgos con 2 pasos?

a) 45%

b) 60%

c) 90%

d) 75%

74-Si en la remineralización añadimos sosa caústica:

a) Aumenta la alcalinidad

b) Aumenta la dureza

c) Aumenta la alcalinidad y la dureza

d) Baja un poco el pH

75-Si la salinidad del agua bruta es de 10 g/l en una planta de desalación de agua salobre, ¿qué concentración en g/l tendrá la salmuera cuando se trabaja a una conversión del 75%?

a) 10

b) 20

c) 25

d) 40

76-¿Es posible meter sólo 6 membranas en un tubo de presión diseñado para 7 unidades?

a) Sí

b) No

c) Depende del fabricante

d) Imposible

77-El flujo medio que se suele utilizar en desaladoras de agua de mar en lm2h (litro por m2 y hora) es de:

a) 21-24

b) 5-9

c) 13-19

d) 21-25

78-La dureza de un agua es el contenido de:

a) Bicarbonatos y carbonatos

b) Calcio y magnesio

c) Calcio y bicarbonatos

d) La suma de las sales

79-¿Puede sacarse el permeado por los dos lados del tubo de presión?

a) Sí, se llama trabajar en split

b) No, siempre se saca sólo por el extremo opuesto

c) No, siempre se saca por el extremo de alimentación

d) Sí, se llama trabajar en rechazo

80-Si se pretende construir una desaladora de agua salobre en una zona sensible donde es muy importante minimizar el volumen de agua vertida, ¿qué solución se adoptaría?

a) No construir la planta

b) Diseñar con la conversión más alta posible

c) Diluir el agua de entrada

d) Diluir el agua de rechazo

81-En una desaladora de agua de mar, ¿dónde es prioritariamente necesario instalar una válvula de alivio de presión?

a) En aspiración de bomba de alta

b) En entrada de baja presión de los intercambiadores de presión

c) En entrada de alta presión de los Intercambiadores de presión

d) En la descarga de salmuera

82-El caudal de permeado de una planta desaladora equipada con intercambiadores de presión y booster corresponde al caudal:

a) del 45% del rechazo

b) que alimenta a la bomba de alta presión

c) que viene de los intercambiadores

d) que alimenta la booster

83-¿La ósmosis inversa es un proceso natural?

a) No, la ósmosis directa sí lo es

b) Sí, por eso lo utilizamos en desalación

c) Sí, aunque ayudamos con una bomba

d) Es un proceso natural que se da con las algas

84-En condiciones normales de operación, una presión diferencial adecuada (medida en bares) en el bastidor de membranas es:

a) 0

b) 1

c) 5

d) 5,5

85- La turbidez de salida de las membranas suele tener un valor:

a) Menor a 0,5 NTU

b) Mayor de 1 NTU

c) Mayor de 5 NTU

d) 0 NTU

86-Los filtros de cartucho para el pretratamiento se cambian:

a) No se cambian. Se lavan

b) Cuando se alcanza una pérdida de carga de 2 bar

c) Una vez al mes

d) Con pérdida de carga entre 1 y 1,2 bar

87-Cuando añadimos hipoclorito sódico al agua tratada para generar agua potable, el pH:

a) Se mantendrá igual

b) Subirá ligeramente

c) Bajará ligeramente

d) Se fija en 7,0

88-Cuando añadimos cloro gas al agua tratada para generar agua potable, el pH:

a) Se mantendrá igual

b) Subirá ligeramente

c) Bajará ligeramente

d) Se fija en 7,0

89- No queremos instalar adición de CO2 a una planta desaladora debido a su coste. ¿Cuál será el mejor método teórico para poder remineralizar con hidróxido cálcico?

a) Añadir ácido sulfúrico en pretratamiento

b) Echar calcita en postratamiento

c) Echar hipoclorito sódico en postratamiento

d) Añadir permanganato en pretratamiento

90-Nuestra bomba de alta presión necesita un motor de 1000 Kw. ¿Qué tensión se ha utilizado para el arranque si el amperaje es de 87,58 amperios?

a) 5500 V

b) 380 V

c) 6600 V

d) 690 V

91- Se ha realizado un jar-test en una desaladora de agua de mar y el valor de coagulante (cloruro férrico) que resulta es 15 mg/l. ¿Cuál es la mejor alternativa a seguir?

a) Dosificar 15 mg/l de cloruro férrico

b) Dosificar 15 mg/l de cloruro férrico y 0,5 mg/l de polielectrolito

c) Dosificar 15 mg/l de cloruro férrico y 2 mg/l de polielectrolito

d) Dosificar 0,5-1 mg/l de cloruro férrico. El jar-test no sirve en desaladoras de agua de mar

92-Hemos ajustado el índice de Langelier a un valor de 2 para el agua tratada. ¿Es correcto?

a) Sí, así el agua está equilibrada

b) No, es un valor demasiado bajo.

c) Sí, el agua debe ser ligeramente agresiva

d) No, el valor es excesivo. El agua será demasiado incrustante.

93- El medidor de Redox nos está marcando un valor de 700 mV antes de entrar en membranas. Quiere decir que:

a) No hay oxidantes en el agua. No hay problema en operar

b) Hay bastantes oxidantes en el agua. No se debe operar en estas condiciones

c) Hay oxidantes en el agua pero el valor es aceptable. Se puede operar

d) No hay problema alguno en operar con este valor. Hay mucho margen.

94-Los datos de muchas membranas vienen en unidades anglosajonas. ¿A cuánto corresponden 400 ft2 aproximadamente?

a) 37 m2

b) 44 m2

c) 30 m2

d) 28,7 m2

95- ¿A qué temperatura se realiza la normalización de datos de una desaladora?

a) 20 ºC

b) 15 ºC

c) 35 ºC

d) 25 ºC

96-Se ha decidido filtrar en filtro abierto con arena y antracita. Elije la mejor combinación teórica de las dos capas desde un punto de vista técnico-económico:

a) Arena 2 m y antracita 1 m

b) Arena 0,70 m y antracita 1 m

c) Arena 0,7 m y antracita 0,3 m

d) Arena 0,2 m y antracita 0,8 m

97-Los intercambiadores de presión están cavitando. ¿Cómo se podría solucionar el problema?

a) Cambiando por otro modelo de mayor caudal

b) Aumentando el caudal de entrada

c) Estrangulando parcialmente la válvula de salida de salmuera

d) Cerrando la entrada a la booster

98-La solución de sosa que se utiliza para neutralizar una posible fuga de cloro gas en una desaladora, suele prepararse a una concentración del:

a) 1%

b) 2%

c) 10%

d) 28%

99-¿Qué es un TEP?

a) Son polímeros muy beneficios para las desaladoras

b) Partículas transparentes de exopolímeros

c) Tratamiento Especial de Presión en membranas

d) Tratamiento energético de la presión

100-Un flotador DAF suele utilizarse en una desaladora para:

a) No se utiliza

b) Pretratamiento de agua

c) Fangos secundarios

d) Salmuera

101-Los elementos que básicamente forman un centro de transformación en una desaladora son de línea, celda de protección, celda del transformador, barras de media tensión y...

a) Cuadro de baja tensión

b) Fusibles

c) Ninguno más

d) Cuadro de mando

102- Un material adecuado para el tubo Bourbon de los manómetros en contacto con agua de mar es:

a) AISI 304

b) AISI 316

c) Acero al carbono galvanizado

d) Monel

103-Un caudalímetro electromagnético para agua de mar debe llevar los electrodos de:

a) Hastelloy o Titanio

b) PVC

c) AISI 316

d) No llevan electrodos

104-Un agua de mar con 32 g/l tiene una conductividad aproximada de:

a) 22000 µS/cm

b) 12 µS/cm

c) 29 mS/cm

d) 45 mS/cm

105-Se está detectando entrada de aceite en la toma de la desaladora. Afortunadamente no hay problema en el proceso porque la planta está equipada con:

a) Bombas desaceitadoras

b) Decantadores con succión de fangos

c) Flotadores DAF

d) Filtros de arena

106-Entre otras cosas, en una bomba pequeña de la planta desaladora un condensador sirve para:

a) Ayudar en el arranque de un motor monofásico

b) Aumentar la potencia de un motor trifásico

c) Equilibrar las fases de un motor trifásico

d) Bajar el consumo de un motor trifásico

107- En la subestación de la desaladora , el elemento fundamental es el

a) transformador de potencia

b) interruptor de la tensión de cortocircuito

c) transformador de tensión

d) sistema de barras

108-Un contactor de uno de los equipos de la desaladora:

a) Puede cortar la corriente de cortocircuito

b) No puede cortar la corriente de cortocircuito

c) Está diseñado para realizar muy pocas maniobras

d) Es accionado por un magnetotérmico

109-Transforman las corrientes y tensiones en valores medibles por los equipos conectados

a) Transformadores de potencia

b) Lector de reactiva

c) Analizador de red

d) Transformadores de medida

110-El motor de la bomba de agua bruta está alimentado con 440 v y en su placa figura 440/690 v. Debe conectarse en:

a) Estrella sin pletinas puestas

b) Triángulo-estrella con pletinas puestas

c) Estrella-triángulo con pletinas puestas

d) Triángulo con pletinas puestas

111-La potencia de una bomba

a) Aumenta cuanto mayor es el NPSH requerido

b) Disminuye cuanto mayor es el NPSH requerido

c) Es independiente del NPSH

d) Es la mitad del valor del NPSH

112-¿Qué es o qué significa un TAG en una desaladora?

a) Forma de identificar un equipo de la planta

b) Tratamiento alternativo de gravedad

c) Temperatura alta en proceso

d) Es el programa de mantenimiento a seguir

113-Los materiales que suelen utilizarse para tuberías de transporte de cloro líquido-gas en una desaladora son:

a) PVC y titanio

b) Acero, cobre ó PVC

c) Cobre y zinc

d) Aluminio y acero inoxidable

114- ¿Qué son los planos As-Built en una desaladora?

a) Los planos iniciales de la planta

b) Los planos finales de la desaladora

c) Los planos de la línea de alta presión

d) Los planos del pretratamiento

115-La formación de gas en un transformador se detecta por:

a) Relé térmico

b) Relé Buchholz

c) Interruptor de gas SF6

d) Relé de argón

116-¿Qué número de contactores necesita un arrancador estrella triángulo con inversor de giro?

a) Uno

b) Dos

c) Tres

d) Cuatro

117-La tubería superduplex se caracteriza porque :

a) Tiene mayor contenido en cromo, molibdeno y nitrógeno que la dúplex

b) Tiene mayor contenido en cromo, y menos en molibdeno y nitrógeno

c) Tiene mayor contenido en calcio que el AISI 316 L

d) Tiene más contenido de azufre (S) que la dúplex

118-Para realizar una soldadura fuerte se necesitan:

a) De 500 a 800 ºC

b) 50 ºC

c) Más de 3000 ºC

d) Más de 1500 ºC

119- La comprobación de las soldaduras de la línea de alta presión debe hacerse:

a) Visualmente y al tacto

b) Mediante tintado exterior

c) Mediante radiografiado al 20%

d) Mediante radiografiado al 100%

120-Para controlar el caudal de entrada de agua a la bomba de alta se utilizan:

a) Válvulas de macho de alta presión con actuador

b) Válvulas de retención

c) Válvulas de mariposa de baja presión con actuador

d) Válvulas de mariposa de alta presión con actuador

121-Para una correcta alineación de un conjunto motor-bomba:

a) Se debe alinear primero en caliente y una hora más tarde en frío

b) Se deben poner siempre pletinas en las patas del motor

c) Se debe alinear primero en frío y después de dos horas de funcionamiento en caliente

d) Se debe alinear siempre con láser de última generación

122-Un diferencial de 30 mA es:

a) Menos sensible que uno de 300 mA

b) Más sensible que uno de 300 mA

c) Igual de sensible

d) Puede ser más o menos sensible dependiendo del voltaje

123-Las inspecciones periódicas de un centro de transformación en la desaladora deben hacerse al menos

a) Anualmente

b) Cada 3 años

c) Cada 5 años

d) Cada 6 meses

124-El bronce es una aleación de:

a) Cobre y zinc

b) Zinc y estaño

c) Zinc y cobre

d) Cobre y estaño

125- ¿Qué es el Log-book en una desaladora?

a) Es el laboratorio

b) Es un registro de datos

c) Son las normas de seguridad a cumplir

d) Es el libro de calidad de la planta

126-Un operador en planta debe ascender y bajar una escalera de mano

a) Siempre de frente

b) Siempre de espaldas

c) Depende si la escalera es de gato o no

d) Con arnés puesto

127-En Seguridad y Salud en el trabajo, el color amarillo significa:

a) Obligación

b) No fumar

c) Prohibición

d) Peligro-riesgo

128-El ancho mínimo de una plataforma de andamio para que suba un operario a meter membranas es:

a) 150 cm

d) 1 m

c) 60 cm

d) 80 cm

129-El electrodo que se utiliza en la soldadura TIG en una desaladora es de:

a) Germanio

b) Titanio

c) Tungsteno

d) Itanium grade

130-Ante un fuego en instalación eléctrica de la IDAM hay que utilizar:

a) Agua a chorro

b) Agua rociada

c) Polvo para metales

d) Polvo ABC

131-Para lavar un filtro de arena en una desaladora es apropiado utilizar la salmuera:

a) No, porque se genera mayor salinidad en la entrada

b) No, porque no se lava bien el filtro

c) Nunca se utiliza la salmuera

d) Sí, es una corriente aprovechable para este fin

132-Cuando un motor trifásico se queda a dos fases en el arranque:

a) Se quema inmediatamente

b) Hace ruido pero no arranca

c) Consume igual que arrancado

d) Nunca puede quedarse a dos fases

133-Se puede obtener una recepción provisional de una desaladora si hay NO Conformidad es?

a) Sí, y deben realizarse las acciones correctoras lo antes posible

b) No, hay que realizar acción preventiva

c) No, hay que volver a construir la planta

d) Sí, hay que cambiar el tipo de equipo siempre

134- En un arranque de bomba de alta, el operador de campo debe estar:

a) Dentro de la sala, cerca de la bomba para ver su funcionamiento

b) Fuera de la sala hasta ver comportamiento seguro

c) Abriendo y cerrando válvulas dentro de la sala

d) Descansando

135-En una conexión tipo TN-C, la protección frente a los contactos indirectos se realiza con:

a) FusIbles

b) Interruptor diferencial

c) Magnetotérmico

d) Disyuntor

136-Según el REBT las puestas a tierra deben comprobarse:

a) Anualmente

b) Cada 6 meses

c) Cada mes

d) Cada dos años

137-Una válvula de control se diferencia entre otras cosas de una válvula de aislamiento en que:

a) La de control lleva posicionador

b) La de control lleva final de carrera

c) La de control se pinta en verde

d) La de control lleva volante y la de aislamiento no

138-Para controlar el caudal de entrada a una bomba mediante lazo de control, podemos utilizar:

a) Caudalímetro y transmisor de presión

b) Caudalímetro y válvula automática

c) Caudalímetro y nivel de agua

d) Dos caudalímetros

139-Para mezclar el agua neutralizada en la desaladora utilizaremos preferiblemente:

a) Un agitador con hélice y eje de acero al carbono

b) Un agitador con hélice y eje de acero recubiertos de goma o caucho

c) Un agitador con hélice y eje de fundición

d) Un agitador sumergido similar a los de agua residual

140-Los cruces de cables de alta y baja tensión deben hacerse a ser posible:

a) El cable de alta siempre por arriba del de baja

b) El cable de baja siempre por arriba del de alta

c) Es indistinto

d) No pueden cruzarse nunca

141- ¿Qué es un P&ID?

a) Es un plano de implantación de la planta

b) Es un diagrama de equipos e instrumentación

c) Es un diagrama del sistema de incendios

d)Es un diagrama sólo de las bombas instaladas

142-El límite de baja tensión es:

a) 1000 V en alterna

b) 1500 V en alterna

c) 500 V en alterna

d) 440 V en alterna

143-¿Cuándo deben lavarse las membranas?

a) Cuando el caudal de permeado disminuya un 25%

b) Cuando el caudal de permeado disminuya el 15%

c) Cuando el caudal de permeado disminuya el 10 %

d) Cuando el caudal normalizado de permeado disminuya el 10%

144- ¿Para qué sirve el secuestrante en una desaladora?

a) Control de pH de la planta

b) Inhibe la precipitación dentro de las membranas

c) Aumenta el permeado de las membranas

d) Mejora la conductividad del permeado

145-¿Qué porcentaje aproximado de bajada de caudal anual podemos considerar normal por especificaciones de los fabricantes de las membranas?

a) 1%

b) 3%

c) 5%

d) 12%

146-Un actuador con protección fuerte mecánica e inmersión completa y continua en agua, tendría una calificación:

a) IP67

b) IP68

c) IP58

d) IP57

147-La carga de las membranas dentro del tubo de presión se realiza:

a) Desde el lado de alimentación hacia el de salida del rechazo

b) Desde el lado del rechazo hacia el de alimentación

c) Da igual

d) Ninguna es correcta

148-Las uniones o acoplamientos flexibles que se suelen utilizar en desalación se denominan:

a) Tipo arpón

b) Couplings

c) Tipo membrana

d) Puertos

149-Se va a parar un bastidor por unas 8 horas. ¿Es necesario empapar las membranas con agua permeada cuando se para un bastidor por este intervalo de tiempo?

a) Sí, es imprescindible

b) Sí, porque se colmatan de sal en un día

c) No, basta con desplazar con agua de mar

d) No, hay que limpiar para estar seguro

150-¿Cómo podemos saber si se está realizando la dosificación de un producto químico en línea?

a) La bomba dosificadora está en operación y hay un detector de flujo que detecta el paso

b) La bomba dosificadora está en operación y un sensor de calidad registra el valor erróneo

c) La bomba dosificadora está en operación

d) La bomba dosificadora está parada

151-Una doble etapa se utiliza en una desaladora cuando:

a) El rechazo de un rack se utiliza como alimentación del segundo

b) El permeado de un rack se utiliza como alimentación del segundo

c) La alimentación del primer rack se mezcla con la alimentación del segundo

d) El permeado del primer rack se mezcla con el permeado del segundo

152- Un doble paso se utiliza en una desaladora para:

a) El rechazo de un rack se utiliza como alimentación del segundo

b) El permeado de un rack se utiliza como alimentación del segundo

c) La alimentación del primer rack se mezcla con la alimentación del segundo

d) El permeado del primer rack se mezcla con el permeado del segundo

153-El flujo axial es aquel que va

a) Perpendicular al eje

b) Paralelo al eje

c) En la voluta de la bomba

d) Radial con respecto al eje

154-Qué rendimiento del conjunto motor-bomba sumergible se considera adecuado para bombeo desde pozos playeros?

a) 90%

b) 80%

c) 70%

d) 60%

155-Para mejorar el lavado de membranas se suele instalar en el depósito de CIP:

a) Una resistencia eléctrica

b) Un agitador sumergible

c) Un pH-metro

d) Una bomba sumergible

156- ¿Cuál de estas válvulas es de regulación en un filtro de arena cerrado que trabaja en pretratamiento de una desaladora?

a) Válvula de entrada de agua bruta

b) Válvula de salida de agua tratada

c) Válvula de entrada de agua de lavado

d) Válvula de vaciado

157-Una limpieza de superficie denominada "a fondo" necesita un grado

a) Sa 1

b) Sa 2,5

c) Sa 3

d) Sa 2

158-Para el accionamiento neumático de los actuadores de las válvulas se utilizan:

a) Compresores de pistón a 10 bar, con calderín

b) Soplante de émbolos a 10 bar

c) Soplante rotativa a 500 mbar

d) Soplante de vacío

159-Por dónde circula el permeado de membrana a membrana?

a) Entre la membrana y el tubo de presión

b) A través de la membrana hacia la siguiente, paralelo al tubo de presión

c) A través de conectores en el centro de las membranas

d) A través de la membrana hacia la siguiente, perpendicular al tubo de presión

160- ¿Qué es un equity en desalación?

a) Suele ser el total de la inversión

b) Suele ser la inversión privada

c) Suele ser el coste financiero

d) Suele ser otra forma de llamar al permeado

161-Al capital invertido para montar una desaladora se le llama

a) Capex

b) Money

c) Opex

d) Fee

162-Una opción para equilibrar el Índice de Langelier en una desaladora es

a) Agregar agua de cal de salida del saturador

b) Agregar agua de cal de entrada al saturador

c) Agregar agua de mar con sulfúrico

d) Agregar permeado en exceso

163- Un material que se utiliza técnico-económicamente en las desaladoras para la baja presión es

a) Superduplex

b) Duplex

c) AISI 304

d) PRFV (Poliéster reforzado con fibra de vidrio)

164- ¿A qué se llama "polarización de una membrana de OI" ?:

a) Los poros de la membrana se cierran y mejora el rendimiento

b) Produce más caudal y de mejor calidad

c) Produce a más alta presión

d) Los poros de la membrana se abren y empeora el rendimiento

165-Un carrete de desmontaje junto a una válvula sirve para:

a) Facilitar el desmontaje de la válvula

b) Facilitar el montaje de la válvula

c) Montar sensores junto a la válvula

d) Cerrar el circuito hidráulico

166-El agua de mar es

a) ligeramente ácida

b) ligeramente neutra

c) ligeramente alcalina

d) de color azul

167-En una transmisión 4-20 mA una rotura de cable se detecta al bajar de:

a) 20 mA

b) 12 mA

c) 4 mA

d) 3,8 mA

168-El índice de Langelier permitido en un agua de consumo es:

a) Mayor de 0,5

b) Menor de -0,5

c) Mayor de 0,2

d) Entre -0,5 y 0,5

169-Para equilibrar el pH de un agua ácida, el método más idóneo de las cuatro opciones es:

a) Adicionar sosa

b) Adicionar CO2

c) Utilizar lechos de calcita

d) Adicionar hipoclorito sódico

170-En una preparación de lechada de cal para remineralización, ¿a qué se llama inyector?

a) Al rompebóvedas

b) Al tornillo que va desde el silo hasta el dosificador

c) A la bomba de inyección

d) Al tornillo que va desde el dosificador hasta la cuba de lechada

171- Cuando se hace una toma con cántara en plantas grandes, se suelen instalar en la entrada:

a) Rejas o tamices manuales de tambor

b) Rejas o tamices automáticos de tambor

c) Rejas o tamices automáticos de trompeta

d) Filtros de cartuchos

172-El volumen de un pozo de bombeo intermedio en una desaladora influye en el número de arranques de la bomba que aspira de él:

a) Cierto

b) No, la bomba sólo depende del caudal que entra en el pozo, sea el volumen que sea

c) Depende de donde se sitúe la boya de nivel de baja

d) Depende dónde se coloque la bomba

173-La potencia del motor y el número de arranques por hora, se relacionan:

a) Cuanto mayor es la potencia, más arranques se pueden realizar

b) Cuanto mayor es la potencia, menos arranques se pueden realizar

c) No importa la potencia para el número de arranques

d) El número de arranques por hora siempre ha de ser menor de 10

174-Para controlar un nivel variable en continuo en un tanque utilizamos

a) Boyas de nivel

b) Nivel ultrasónico

c) Contador de agua

d) Caudalímetro electromagnético

175- Un venteo en alta presión se utiliza para

a) Romper el vacío

b) Mejorar la calidad del permeado

c) Purgar el agua que viene cargada de sólidos

d) Purgar el aire que viene con el agua

176- Cuanto mayor es la presión de operación sobre las membranas en una desaladora...

a) Menor el volumen de agua tratada

b) Mayor es la salinidad del agua producto

c) Menor es la superficie de contacto

d) Ninguna de las anteriores

177-Para calcular la cantidad teórica de coagulante puro a dosificar en una instalación de desalación:

a) Se necesita saber el caudal a tratar y la densidad del coagulante

b) Se necesita saber el caudal, la dosis y la riqueza del producto

c) Se necesita saber su composición química

d) Se necesita saber la densidad y la riqueza del producto

178- 1 g/m3 es equivalente a:

a) 1 kg/m3

b) 1000 ppm

c) 1 mg/l

d) 10 % en peso

179- Un filtro abierto de arena de desaladora de agua de mar se va a lavar con agua y aire. Las velocidades normales de filtración y de lavado (sólo la parte de agua) son:

a) 12 m/h proceso y 20 m/h para el lavado con agua

b) 5 m/h proceso y 25 m/h para el lavado con agua

c) 15 m/h proceso y 15 m/h para el lavado con agua

d) 1 m/h proceso y 5 m/h para el lavado con agua

180- 15 % es en una desaladora un valor que puede corresponder a:

a) La conversión de la planta

b) El porcentaje de averías en horas/año

c) Salvaguarda entre la potencia absorbida de una bomba y su motor

d) Porcentaje de anti-incrustante a dosificar

181-Si se ha detectado arena en los filtros de cartuchos puede ser porque...

a) Se han utilizado filtros de cartuchos de arena fina

b) Se han utilizado filtros de cartuchos de arena gruesa

c) El filtro de arena está atascado

d) El filtro de arena tiene alguna boquilla rota

182- Se hacen autopsias a las membranas cuando se quiere saber el origen de un problema...

a) No, se hacen solo limpiezas

b) No se pueden hacer autopsias

c) Sí, es una buena forma de ver qué ha causado el problema

d) Sí, se hacen autopsias todos los meses

183-En una desaladora es conveniente pintar las tuberías plásticas exteriores de color verde...

a) para que aumente la temperatura del agua

b) para prevenir el crecimiento de microalgas

c) porque es preceptivo

d) para diferenciar la tubería de permeado

184-Una buena forma de bajar de forma sostenible el coste energético en una desaladora es...

a) buscar agua con baja salinidad

b) alimentar la planta con energía fotovoltaica

c) poner muchos intercambiadores de presión

d) poner muchas membranas en paralelo

185- En general una membrana de agua de mar rechaza más porcentaje de...

a) sodio que de calcio

b) sodio que de manganeso

c) calcio que de sodio

d) ninguna es correcta

186- Un producto capaz de secuestrar los iones hierro y manganeso es

a) silicato de calcio

b) silicato de magnesio

c) silicato de sodio

d) sílice

187- Un punto adecuado para verter la salmuera de una desaladora de agua de mar de forma sostenible es:

a) a través de un emisario de 20 km de longitud

b) en una escollera de costa

c) donde nacen los corales

d) donde hay alga poseidónea

188- En una desaladora de agua de mar el colector de rechazo en salida del rack normalmente será

a) mayor o menor dependiendo de las velocidades adoptadas

b) de mayor diámetro que el de permeado

c) de menor diámetro que el de permeado

d) de menor diámetro que el de los intercambiadores de presión

189-Un pozo playero se ha diseñado con velocidad de paso de agua de 0, 1 m/s.Una buen solución es:

a) El diseño es correcto y no hay que hacer nada

b) Cambiar el material de la bomba a duplex

c) Poner otra bomba en paralelo

d) Dotar a la bomba de camisa de refrigeración

190- ¿Para qué se remineraliza el permeado de una desaladora?

a) Para mejorar la conductividad

b) Para disminuir la salinidad

c) Para equilibrar su índice de agresividad

d) Para bajar ligeramente el pH

191-El permanganato potásico es:

a) Un potente reductor

b) Un oxidante y biocida

c) Un coagulante

d) Un floculante

192- ¿Qué es el índice de SAR en desalación?

a) Es el índice de Langelier

b) Es una forma de medir la turbidez del permeado

c) Es la relación del sodio, calcio y magnesio en el permeado o agua tratada

d) Es la relación de la alimentación, permeado y rechazo

193-Queremos asegurar que el agua llega a las membranas exenta de cloro, y por eso instalamos un

a) Desarenador más floculador

b) Coagulador más floculador

c)Filtro de arena

d)Filtro de carbón activo

194-La ISO 45001 es una norma que sustituye a:

a) ISO 9001

b) ISO 14001

c) ISO 17025

d) OSHAS 18001

195-La secuencia más efectiva de lavado de un filtro de arena y antracita es:

a) Enjuague, agua, aire y puesta en servicio

b) Vaciado parcial, agua, aire, enjuague y puesta en servicio

c) Vaciado parcial, aire, agua, enjuague y puesta en servicio

d) Agua, vaciado parcial, aire y puesta en servicio

196-En una desaladora convencional de agua de mar (pretratamiento y coagulación, filtración bicapa, cartuchos y desinfección), los sulfatos son eliminados al 100 % en:

a) La coagulación

b) La filtración bicapa

c) Las membranas

d) No se eliminan al 100%

197-Un agua bruta de superficie tiene generalmente

a) Menos turbidez que una de acuífero salobre

b) Más materia orgánica que una de acuífero salobre

c) Más sales que una de acuífero salobre

d) Ninguna es correcta

198-Cuántos metros cúbicos/hora corresponden a 1000 l/s?

a) 1 m3/h

b) 60 m3/h

c) 3600 m3/h

d) 1000 m3/h

199-Una desaladora en pretratamiento recibe 1000 l/s y se dosifican 5 mg/l de hipoclorito sódico al 10%. Despreciando la densidad, calcular el caudal necesario de la bomba dosificadora.

a) 10 l/h

b) 30 l/h

c) 180 l/h

d) 50 l/h

200-La ecuación de continuidad en hidráulica relaciona:

a) Velocidad, presión y temperatura

b) Volumen, presión y temperatura

c) Caudal, sección y velocidad

d) Sección, altura y velocidad

201-El coeficiente de caudal de una válvula se denomina:

a) Cv

b) Kv

c) Q

d) P

202-La relación de transformación de un transformador dice que:

a) La relación de espiras entre primario y secundario es directamente proporcional a la relación de corrientes

b) La relación de espiras entre primario y secundario es inversamente proporcional a la relación de voltajes

c) La relación de espiras entre primario y secundario es directamente proporcional a la relación de voltajes

d) Todas son incorrectas

203-Los quitamiedos deben instalarse en las escaleras de gato que sobrepasen la altura de:

a) 1 m

b) 1,5 m

c) 2 m

d) 5 m

204- Para bajar la intensidad máxima de la corriente de arranque de un motor de 200 Kw que consume 300 amperios en plena carga, utilizamos:

a) Arranque directo con contactores

b) Arranque estrella-triángulo

c) Variador de velocidad

d) Arranque con condensadores

205-El carbón activo como barrera del cloro podría ser sustituido por

a) bisulfito sódico

b) metabisulfito de calcio

c) hipoclorito sódico

d) hipoclorito cálcico

206-Uno de los equipos no considerados como EPIs es:

a) Pantalla soldadura

b) Crema protectora

c) Calzado de seguridad

d) Equipo de salvamento autónomo

207-Una bomba de agua de servicios tiene en la aspiración una brida DN50.La tubería de aspiración deberá ser:

a) Al menos de 50 mm

b) Entre 32 y 40 mm

c) Obligatoriamente mayor de 75 mm

d) Cualquiera es válida

208-En un bombeo de alta presión la válvula de retención se colocará:

a) No hace falta válvula de retención

b) En la impulsión

c) En la aspiración

d) En aspiración y otra en impulsión

209- Qué es un DBOT en un contrato de desalación?

a) La empresa adjudicataria no diseña ni opera

b) La empresa adjudicataria diseña, construye, opera y entrega al propietario

c) La empresa adjudicataria diseña, construye y opera siendo dueña

d) La empresa adjudicataria sólo opera

210-El policloruro de aluminio es:

a) Un polielectrolito no iónico deseable en una desaladora

b) Un polielectrolito catiónico no deseable en una desaladora

c) Un polielectrolito aniónico no deseable en una desaladora

d) Ninguna es correcta

211-Para que no exista cavitación la relación entre el NPSH requerido y el disponible debe ser:

a) NPSHr > NPSHd

b) NPSHr<NPSHd

c) NPSH=NPSHd

d) Las pérdidas deben ser lo menor posible

212-Un acumulador hidroneumático de vejiga se utiliza :

a) Como sistema antiariete

b) Como válvula de retención

c) Como regulador de velocidad

d) Como reductor de potencia

213-¿Qué es más caro instalar, una válvula de mariposa triexcéntrica o una válvula de macho?

a) El precio es similar

b) Más barata la triexcéntrica normalmente

c) Ninguna es correcta

d) Más barata la de macho normalmente

214- En tratamiento de agua los sólidos en suspensión se relacionan con:

a) Sólidos disueltos

b) Turbidez

c) Conductividad

d) pH

215-La conductividad se relaciona con:

a) pH

b) Residuo seco

c) Sólidos en suspensión

d) Materia orgánica

216-Un agua con alta conductividad tendrá alto contenido de:

a) Cloruros y/o sulfatos

b) Sólidos en suspensión

c) pH

d) Oxidabilidad

217-El contenido de materia orgánica se analiza mediante:

a) pH

b) Conductividad

c) Oxidabilidad al permanganato

d) Nitrógeno Kjehdal

218-Un agua con pH 7,5:

a) Es siempre incrustante

b) Es siempre agresiva

c) Es no potable según normativa

d) Ninguna es correcta

219- Sin tener en cuenta el coste económico, ¿qué válvula elegirías para la impulsión de agua bruta de mar hacia una planta desaladora?

a) Válvula de mariposa en fundición

b) Válvula de mariposa en fundición recubierta internamente de goma

c) Válvula en acero Inox 304 L

d) Válvula en acero Inox 316 L

220- ¿Puede un caudalímetro electromagnético trabajar en posición vertical hacia abajo en el sentido del flujo?

a) Si, pero no es aconsejable

b) Sí, no hay problema

c) No

d) Sólo en grandes diámetros

221-Un servomotor es:

a) Un dispositivo de retención de agua

b) Un dispositivo de regulación

c) Un motor de una bomba

d) Un tipo de bomba centrífuga

222-¿Qué significa en desalación DBOT?

a) Design-Build-Operate-Transfer

b) Draw-Buy-Order-Test

c) Drawing of the best operating target

d) Drawing of the plant

223-Para oxidar el hierro disuelto presente en un agua bruta puede utilizarse:

a) Cloro y sulfato de aluminio

b) Permanganato y cloruro férrico

c) Cloro y permanganato

d) Sulfato de aluminio y geosmina

224-La arena de los filtros de arena en una desaladora ha de cambiarse al menos:

a) Cada 5 años

b) Cuando ya no quede

c) Cuando la altura del lecho sea insuficiente

d) Nunca

225-Un sistema de adquisición automática de datos para la gestión de la planta se llama:

a) Generador automático

b) GMAO

c) SAD

d) SCADA

226-La precloración en desalación normalmente reduce la cantidad de cloro en postcloración

a) Sí

b) No

c) Sólo si la temperatura del agua es muy alta

d) Sólo si no hay trihalometanos

227- ¿Qué instrumento se usa normalmente para medir el caudal de cloro gas?

a) Contador de ½"

b) Rotámetro

c) Caudalímetro ultrasónico

d) Boya de nivel

228-Cuando se lava un filtro de arena y antracita, ¿qué capa queda arriba?

a) Arena

b) Antracita

c) Se mezclan

d) No se utiliza esta mezcla para filtración

229-Cuando se utiliza una velocidad excesiva de lavado con agua

a) Se pierde material filtrante

b) Se generan bolas de fango

c) La filtración mejora

d) No hace falta aire para el lavado

230- Aporta alcalinidad pero no dureza

a) NaOH

b) NaCl

c) HClO

d) ClO2

231-La altura manométrica de una bomba es:

a) La diferencia entre la altura del depósito y la de la bomba

b) La diferencia entre la altura geométrica y las pérdidas de carga

c) La altura geométrica

d) Altura geométrica más perdidas de carga

232- ¿Qué colocarías en una impulsión a la desaladora con una subida y bajada de tubería (lo que se llama una lira)?

a) Válvulas de retención en el punto bajo

b) Disco de ruptura en el punto alto

c) Ventosa trifuncional en el punto alto

d) Válvula de mariposa en el punto alto

233-Cuando una bomba se pone a 0 horas como si estuviera nueva, se ha realizado un mantenimiento:

a) Correctivo

b) Predictivo

c) En uso

d) Overhaul

234-Qué dispositivo es imprescindible para acceder a un espacio confinado?

a) Un medidor redox

b) Un medidor de ultrasonidos

c) Un medidor de oxígeno disuelto y gases

d) Un martillo y gafas de protección

235- ¿Qué equipo de protección más importante de los señalados debe llevar una persona al entrar en un espacio confinado?

a) Casco

b) Guantes

c) Gafas

d) Arnés

236-Para preparar una solución de ácido sulfúrico y agua:

a) Se vierte el agua sobre el ácido

b) Se vierte el ácido sobre el agua

c) Se calienta primero el agua antes de mezclar

d) El agua se enfría a 4 ºC antes de mezclar

237-La densidad máxima del agua pura se da a la temperatura de

a) 0ºC

b) 20ºC

c) 4ºC

d) 25ºC

238-La densidad del agua pura es:

a) 1 Kg/l

b) 1000 g/cm2

c) 1 ml/l

d) 1000 g/m2

239- El analista se ha desplazado a tomar una muestra de agua bruta del mar. ¿Qué medición debe realizarse in situ ?

a) pH

b) O2 disuelto

c) Sólidos en suspensión

d) Conductividad

240-La equivalencia aproximada entre la conductividad y la salinidad de un agua de mar es:

a) 1. Son iguales

b) 0,5

c) 0,65

d) 0.No tienen nada que ver

241-Para poner en servicio una nueva tubería de impulsión de agua tratada desde la desaladora, hay que:

a) Limpiar bien con agua y jabón durante 10 minutos

b) Limpiar con agua y detergente no iónico

c) Desinfectar 24 h con hipoclorito sódico

d) Limpiar con agua y detergente y después enjuagar

242-¿Qué caudal aproximado figura en las fichas técnicas de una membrana de agua de mar de 8" y 400 pies cuadrados?

a) 6,5 m3/h

b) 15 m3/d

c) 34 m3/d

d) 100 m3/d

243-En un análisis de agua de mar, ¿qué ión es el que más alta concentración suele tener?

a) Sulfato

b) Sodio

c) Magnesio

d) Cloruro

244- En un intercambiador de presión de una desaladora, ¿qué corriente es la salida del circuito de baja presión?

a) La que va a drenaje de salmuera

b) La que alimenta la booster

c) La que sale del rechazo de las membranas

d) La que alimenta la bomba de alta

245- En un intercambiador de presión de una desaladora, ¿qué corriente es la salida del circuito de alta presión?

a) La que va a drenaje de salmuera

b) La que alimenta la booster

c) La que sale del rechazo de las membranas

d) La que alimenta la bomba de alta

246-Desde el punto de vista de evitar la formación de trihalometanos, ¿cuál es el mejor producto a dosificar?

a) Dióxido de cloro

b) Cloro gas

c) Hipoclorito sódico

d) Cloro líquido

247-Para que un análisis de agua esté balanceado,

a) Los mg/l de aniones y de cationes deben coincidir

b) Los ppm de CaCO3 de aniones y cationes deben coincidir

c) El residuo seco debe ser igual a 100 %

d) La dureza en mg/l de CaCO3 debe coincidir con la de ºF

248- En una desaladora se han instalado válvulas de mariposa convencionales en la línea de alta presión. ¿Es correcto?

a) No, no habrá estanqueidad total

b) Sí, pero sólo con diámetros pequeños

c) Sí, si son en acero inoxidable 316 L

d) Sí, si son automáticas

249-¿Qué se instala en una bomba de agua para evitar que haya fuga de agua entre bomba y motor?

a) Un acoplamiento dinámico bomba-motor

b) Un sello mecánico

c) Un acoplamiento estático bomba-motor

d) Un rotor con chaveta hiperbólica

250-En la línea de alta presión de una desaladora normalmente las válvulas de macho se instalan:

a) No se instalan válvulas de macho

b) Soldadas a la tubería por los dos lados

c) Soldadas por un lado y con tapón por otro

d) Embridadas

251- El efluente de una desaladora debe ser neutralizado antes de su vertido:

a) No hace falta porque ya sale neutralizado de las membranas

b) Siempre

c) Sólo si se adiciona anti-incrustante

d) Cuando el pH de salida es 7

252-Para la neutralización de fuga de cloro gas con el producto adecuado, se utiliza una bomba:

a) Centrífuga en acero

b) Centrífuga en fundición

c) Construida en material plástico

d) Construida en acero inoxidable 304

253-Para evitar la entrada de aire en la aspiración de una bomba de un tanque, se suele utilizar:

a) Otra bomba

b) Se ceba la bomba

c) Un deflector

d) Un vertedero triangular

254- Una válvula de retención que normalmente no se utiliza en la línea de agua en la desalación es la de tipo:

a) Bola

b) Disco

c) Doble disco

d) Disco concéntrico

255- En una desaladora conviene alimentar la instrumentación con una tensión de:

a) 380 V

b) 660 V

c) 220 V

d) 24 V

256- Una camisa de refrigeración para una bomba de impulsión se utiliza normalmente:

a) En pozos donde hace mucho calor

b) En pozos muy profundos

c) En pozos muy anchos

d) En la línea de alta presión

257- En presencia de un oxidante es más probable que tengamos en el agua:

a) Nitrógeno Kjedhal

b) Nitrógeno puro

c) Nitritos

d) Nitratos

258- ¿Que es el GRP en el mundo de la desalación?

a) Un tipo de bomba

b) Un tipo de válvula

c) PRFV

d) Teflón

259- ¿Qué es el cash-flow en un proyecto?

a) El dinero invertido en el proyecto

b) El dinero ganado en el proyecto

c) Evolución del dinero del proyecto

d) Costes de explotación (O&M)

260-Si al calcular el índice de Langelier el pH de saturación es mayor que el pH del agua,

a) El agua es incrustante

b) Es neutra

c) El agua es agresiva

d) El agua es no potable

261- La presión de la bomba de alta en un arranque de la desaladora debe incrementarse

a) Cada 5 minutos

b) De 5 en 5 bares de forma lineal

c) Cada dos minutos 1 bar máximo

d) Antes de purgar el aire

262-Para la aspiración de una bomba es mejor utilizar:

a) Una reducción concéntrica en aspiración

b) Una reducción excéntrica en aspiración

c) Una válvula de retención en aspiración

d) Un buen soporte para la aspiración

263-¿Qué presión debe aportar una booster en un sistema de recuperación de energía donde la HPP bombea a 48,3 bar y la entrada a los intercambiadores de presión con pérdida de carga de un bar es de 47,7 bar?

a) 48,3 bar

b) 47,7 bar

c) 1,6 bar

d) 0,6 bar

264-¿Para qué sirve en una desaladora el bisulfito sódico?

a) Es un coagulante

b) Es un floculante

c) Es un fuerte oxidante

d) Es un reductor

265-¿Cómo se distinguen los puertos de baja presión en un intercambiador de presión?

a) Los de baja son de más pequeño diámetro

b) Los de alta son de más pequeño diámetro

c) Los de baja están en los extremos del cilindro y son rectos

d) Los de alta están en los extremos del cilindro y son rectos

266- Una buena protección de pintura anticorrosiva en desaladoras es:

a) Z1

b) A3

c) C5

d) B9

267- ¿Cuándo se utiliza la nanofiltración en desalación?

a) Cuando el agua es muy turbia

b) Cuando el SDI es mayor de 5

c) Cuando el agua tiene mucho sodio

d) Cuando se quiere eliminar calcio predominantemente

268-En un ensanchamiento brusco en una tubería (pasando de 100 a 300 mm), se produce:

a) Una gran disminución de la presión del agua

b) Una disminución de la velocidad del agua

c) Una disminución del caudal de agua

d) Un aumento de la velocidad del agua

269-Cuando alguien habla de un "anillo segmentado de retén", está hablando de:

a) Un decantador para pretratamiento

b) Un repuesto de una bomba

c) Un repuesto de una membrana

d) Un repuesto de un tubo de presión

270-Si aumentamos la recuperación del sistema sin tocar las otras variables del proceso:

a) Aumenta el permeado

b) El permeado se queda igual

c) Disminuye el permeado

d) Se genera más cantidad de salmuera

271-Una línea piezométrica de una desaladora:

a) Es el punto de bombeo de agua bruta

b) Tiene en cuenta las pérdidas de carga a lo largo del circuito de tratamiento

c) Es un dispositivo para controlar el nivel en los filtros

d) Mide la presión en una tubería, como un manómetro

272-¿A qué se llama "Performance Test" en un proyecto de desalación?

a) Es una prueba de presión a las bombas

b) Es un protocolo de puesta en marcha

c) Es una medida del SDI

d) Es un tipo de radiografía de la soldadura

273-En el laboratorio de una desaladora no suele ser necesario:

a) Un refrigerador

b) Un tubo de ensayo

c) Un fotómetro

d) Un medidor de fangos

274- Si se quiere arrancar la bomba de alta, ¿qué permisivo debe estar desactivado (no dar alarma)?

a) Redox

b) SDI

c) Transmisor de presión aspiración

d) Los 3 anteriores

275-Si aumenta la temperatura del agua de alimentación a las membranas sin variar el flujo de permeado, la salinidad de este permeado...

a) Será mayor

b) Será menor

c) No varía

d) Ninguna es correcta

276- En una desaladora de agua de mar un valor de conductividad que puede considerarse elevado en el permeado es...

a) 300 µS

b) 1 mS

c) 100 µS

d) Todos los anteriores

277- ¿Qué grado de peligrosidad te parece más acertado de la lista para un riesgo de probabilidad "muy baja" y consecuencia "extremadamente dañino":

a) Trivial

b) Intolerable

c) Tolerable

d) Importante

278-Indica el % más aproximado de paso de sales en la mezcla de un intercambiador de presión.

a) 0,5

b) 1

c) 1,5

d) 2,5

279-¿Qué material de la lista sería el más adecuado para la parte interna de una bomba que envía agua desde un tanque de agua permeada?

a) Acero al carbono

b) Aisi 316 L

c) Aisi 904 L

d) Aisi 304

280- Para eliminar boro en una desaladora normalmente

a) se baja el PH de la alimentación

b) se sube el pH de la alimentación

c) se añade borato de sodio

d) se añade borato de calcio

281-¿Con qué disposición trabajan más holgadamente los intercambiadores de presión?

a) U

b) Z

c) A

d) B

282- Una forma teórica de mejorar el pretratamiento de una desaladora de agua de mar, sería:

a) Ultrafiltración

b) Radiación ultravioleta

c) Adición de polielectrolito

d) MBR

283-Una electroválvula normalmente cerrada está:

a) Cerrada cuando no se le aplica tensión

b) Cerrada cuando se le aplica tensión

c) Abierta cuando no se le aplica tensión

d) No tiene nada que ver con la tensión aplicada

284-Una válvula de sobrevelocidad sirve para:

a) Acelerar el paso del líquido cuando se estanca

b) Incrementar la presión a la tubería inmediatamente posterior

c) Cerrar el paso de agua ante una posible rotura de tubería aguas arriba de la válvula

d) Cerrar el paso de agua ante una posible rotura de tubería aguas abajo de la válvula

285-¿Qué es el PREN?

a) Tipo de membrana

b) Tipo de acoplamiento elástico

c) Índice de resistencia a la corrosión

d) índice colmatación de membrana

286-Los silos de almacenamiento de producto químico pulvurulento suelen tener en la parte de arriba:

a) Un filtro de arena

b) Un filtro de mangas

c) Una válvula de bola

d) Un aviso de peligro

287- La mejor protección de pintura contra la corrosión sería

a) C1M

b) C3L

c) C4I

d) C5M

288- 2 Kg/m3 es lo mismo que:

a) 2000 ppm

b) 2 bar

c) 20 mg/l

d) 0,2 bar

289- La ósmosis es un proceso natural

a) Sí

b) No

c) La ósmosis inversa sí lo es

d) Ninguna es correcta

290-El oxígeno disuelto de un agua de mar se mide en:

a) bares

b) metros

c) ppm

d) kg/cm2

291-¿Para qué sirven las conexiones multipuerto de los tubos de presión?

a) Se ahorra tubería de alta presión

b) Permite comunicar 10 tubos a la vez

c) Ahorra tubería de alimentación y de permeado

d) Ahorra tubería antes de la bomba de alta

292- La tubería de aspiración de la bomba de alta presión se construye normalmente en

a) PVC

b) Superduplex

c) Duplex

d) PRFV

293-La segunda regla de oro para trabajos sin tensión es:

a) Comprobación de ausencia de tensión

b) Enclavamiento, bloqueo y señalización

c) Señalización de la zona de trabajo

d) Desconexión

294-La temperatura real en una desaladora se está incrementando sobre lo previsto y queremos mantener el caudal de permeado bajando la presión. ¿Qué pasa con la calidad del agua producto?

a) La salinidad bajará

b) Se queda igual

c) Subirá la conductividad

d) Hay que poner más tubos con membranas

295-El aislamiento de un cable de baja que va sobre tubo por la pared de la desaladora debe ser como mínimo:

a) 500 v

b) 0,6/1 Kv

c) 1 /1,5 Kv

d) 1 /2 Kv

296- Si se ve en un diagrama PID un indicador que pone "PIT", significa que hay:

a) Medidor de presión

b) Medidor de temperatura

c) Medidor de nivel

d) Medidor de conductividad

297- Nuestro programa de normalización de datos señala que baja el caudal de permeado y sube el diferencial de presión. Esto nos alerta de un problema de/que:

a) no hay problema, es un comportamiento normal

b) incrustación

c) hay una rotura de alguna membrana

d) la temperatura ha subido mucho

298-Para descargar una bomba a eje libre con el puente grúa, se la coge desde

a) el eje

b) desde la brida de aspiración

c) desde la brida de impulsión

d) las orejetas que tiene para el transporte

299- En una desaladora, cuando es necesario un cambio de 90º para minimizar la pérdida de carga es preferible utilizar

a) codos cortos de 45º en serie

b) dos codos de 45º

c) curva de 90º

d) codo de 90º

300-La mezcla de agua y cloro gas para la cloración se realiza en un equipo que se llama:

a) Clorómetro

b) Campana

c) Eyector

d) Evaporador

Soluciones al test sobre desaladoras de agua de mar y salobre

1- D

No se puede trabajar con tantas membranas en serie por problemas de pérdida de carga y concentración de sales.

2- C

Trabajar con una mayor conversión implica problemas de concentración de sales.

3- B

El cloro o cualquier oxidante fuerte pueden dañar las membranas fabricadas en poliamida.

4- B

Suele utilizarse entre 7 y 9 m3/h.

5- D

Evidentemente la energía se recupera aprovechando la presión que sale por el rechazo, a través de intercambiadores de presión como norma habitual, aunque hay otros sistemas.

6- C

Depende de la salinidad y por ende de la presión osmótica a vencer.

7- B

Recuperan energía aprovechando la presión de la corriente de rechazo.

8- A

Cuando el sulfúrico tiene esa concentración es necesario trabajar con PVDF o acero al carbono. Se prefiere el PVDF, aunque es más caro normalmente.

9- A

Si no se mantiene ese valor de presión los intercambiadores pueden entrar en cavitación.

10- B

La presión será menor porque aumenta la superficie.

11- C

Se puede aumentar el pH ya que las membranas rechazan mejor el boro en forma de borato. También se utilizan los dos pasos para bajar el boro e incluso las resinas de intercambio. Hay que analizar el coste.

12- B

Un trafo mide la potencia aparente en KVA (kaveas).

13- C

Se utiliza solución básica con sosa.

14- D

Deben saberse las conversiones de concentración ya que se manejan indistintamente.

15- B

Menor de 3 .Este valor es importante ya que el fabricante puede anular la garantía de las membranas si supera 5.

16- D

El 20% es el valor más aceptado de los propuestos. Un 50 % sería excesivo

17- B

Se evapora el CO_2 que está almacenado líquido en los tanques

18- A

Siempre debe existir una carga positiva en aspiración para evitar este fenómeno.

19- A

Se arranca a válvula de macho cerrada y se va abriendo progresivamente. Si la potencia es baja puede utilizarse el variador de velocidad, pero con 2500 Kw sería muy cara esta solución.

20- B

Obviamente depende de la salinidad.

21- D

El cloro pesa más que el aire por lo que se recoge por la parte baja de la sala con ventiladores y se lleva a una torre donde se adiciona sosa al 25-28 % para su neutralización.

22- C

No depende del voltaje

23- B

Booster o bomba de recirculación

24- C

Los vapores pueden dañar los sensores. Este tipo de medidores pueden colocarse exterior al depósito.

25- A

El cloro es perjudicial para las membranas de poliamida

26- B

Los lazos de control PID son los más utilizados en el proceso de desalación para ajustar caudales o dosificaciones, entre otros.

27- D

Los 3 pueden aportar alcalinidad, dependiendo del pH.

28- D

El agua bruta llena el circuito, la booster recircula por la corriente de rechazo y finalmente la de alta permea cuando alcance los valores de presión previstos.

29- A

Depende del pretratamiento que se utilice. Normalmente se trabaja a pH ácido en alimentación para evitar precipitaciones, lo que implica un valor bajo de salida en el permeado.

30- A

El agua a tratar entra a las membranas y después de presurizar el sistema se consigue permeado y rechazo.

31- A

Normalmente se utilizan estos diámetros a escala industrial. El de 16" aún da muchos problemas.

32- C

En condiciones normales de operación, este es el intervalo que más se utiliza, dependiendo también de las exigencias del pliego.

33- B

Es básicamente una inspección sensorial y toma de datos. Da una idea inicial si hay ruidos, vibraciones, etc…

34- C

Depende de la potencia, del voltaje a utilizar, de la caída de tensión permitida y de la longitud.

35- C

Mide la velocidad de rotación

36- A

Puede cambiar el caudal y altura de la bomba

37- A

El acero inoxidable superduplex es el que más resistencia a la corrosión tiene de los enumerados. El valor es siempre mayor de 40.

38- B

Normalmente se utiliza una dosis de 3 veces el valor de cloro detectado.

39- B

Lo que alimenta los intercambiadores es la corriente de rechazo, que es la salmuera final

40- B

Lo más habitual es utilizar esta combinación de CO_2 e hidróxido cálcico ya que se consigue un aumento de dureza y alcalinidad apropiadas. Los lechos de calcita también son utilizados. Utilizar sosa no equilibraría la TH.

41- C

Lavados ácidos y básicos dependiendo del grado y origen de la suciedad. También hay compuestos industriales específicos que se utilizan.

42- A

La configuración en arrollamiento en espiral es la más utilizada.

43- C

La limpieza se realiza calentando el agua con una resistencia.

44- D

El rechazo de cada membrana es la alimentación de la siguiente.

45- B

Cuando el sistema para puede producirse una comunicación entre puertos y generar sobrepresión en la zona de baja.

46- C

El micraje absoluto es de mayor rendimiento que el nominal. Por economía, a veces se instalan filtros nominales, pero esto redundará en mayor limpieza de membranas.

47- A

Estas válvulas garantizan la estanqueidad a menor precio.

48- A

Menor de "0" es agresivo y mayor de "0" es incrustante

49- A

Es el valor más utilizado para no realizar demasiados lavados ni comprometer la limpieza.

50- B

Es la densidad más utilizada. Hay que asegurar equirrepartición

51- B

Sólo si no hay distorsiones

52- B

Másicos

53- D

Redox

54- C

Normalmente un valor medio es de 37 m2

55- C

Presión osmótica en bares es aproximadamente la salinidad en g/l x 0,7

56- B

Medir la señal, controlarla y actuarla

57- B

Final de carrera

58- B

Aunque depende de la toma, en operación se puede comprobar que la cloración-decloración genera TEPs y más problemas operativos que no clorar.Sin embargo, por garantía de los fabricantes, se opta por la cloración-decloración.

59- A

La primera porque es la de mayor presión neta

60- B

El incremento de presión debe ser paulatino.

61- A

Es la que recibe el agua pretratada

62- C

Si el agua ya está neutralizada durante el proceso de limpieza no es necesaria la neutralización. No obstante, siempre se construye un tanque para recoger derrames y lavados, por lo que en la realidad, el agua del CIP va a ese tanque antes de ser vertida al mar o red.

63- C

Alimentación en baja (de pretratamiento), salida en baja (salmuera), alimentación en alta(rechazo de membranas) y salida en alta (a recuperación de energía).

64- D

Son dispositivos que giran e intercambian la presión de una corriente a otra

65- B

El ácido cítrico suele utilizarse para estos fines.

66- C

Son los llamados filtros de laboratorio o M.

67- B

Se ha probado que baja dosis de coagulante son más efectivas.En agua de mar el jar-test es poco útil.

68- B

Depende de la entrada y salida del agua

69- D

La energía suele serlo siempre. Un ratio aproximado es 2-3 kwh/m3 producido

70- C

La respuesta a la pregunta anterior

71- D

La conversión es 1ºF=10 ppm CaCO3.

72- B

Se denomina cántara a la zona de llegada del emisario de toma y donde aspiran las bombas, normalmente verticales.

73- D

El primer paso trabaja al 50% y el segundo consigue el 25% restante.

74- A

Aumentaría la alcalinidad por los iones OH.

75- D

Si operamos, la concentración de sales al 75% es de x 4

76- A

Se trabajaría con membrana flotante

77- C

Este es el rango más conservador y adecuado generalmente

78- B

No se debe confundir dureza con salinidad

79- A

La calidad del permeado delantero es superior.

80- B

Cuanto mayor es la conversión menos agua se pierde

81- B

Los puertos pueden comunicarse y producirse una rotura por alta presión en la línea de baja

82- B

El caudal de la bomba de alta corresponde básicamente con el caudal de permeado. El caudal de alimentación de los intercambiadores se corresponde con el de rechazo, aunque hay que tener en cuenta la lubricación.

83- A

La OI no es natural ya que hay que aplicar una presión adicional al proceso.

84- B

Depende del diseño, pero de las expresadas, 1 bar es la más adecuada.

85- A

Nunca es totalmente cero.

86- D

Más allá de esta presión hay serios problemas de operación

87- B

Subirá al ser el hipoclorito alcalino

88- C

Bajará al ser el cloro ácido

89- A

El ácido sulfúrico generará CO_2 en el permeado desde los bicarbonatos.

90- C

Se utiliza la expresión P= V*I* raíz cuadrada de 3

91- D

Hay que tener cuidado con la dosificación de hierro en el pretratamiento.

92- D

Un valor normal sería entre -0,5 y + 0,5.

93- B

Dependiendo del pH el valor de cloro libre puede variar con este valor de Rx, pero habría que neutralizar.

94- A

Es un valor bastante normal

95- D

Es el valor de referencia

96- C

Es el valor más utilizado desde un punto de vista técnico-económico

97- C

Debe mantenerse una presión de salida mínima de 0,8-1 bar

98- D

28%

99- B

La cloración activa estos compuestos

100- B

Son bastante efectivos, pero tiene coste de explotación alto

101- A

Sin cuadro de baja tensión no se podría operar

102- D

Resiste mejor la corrosión

103- A

Resiste mejor la corrosión

104- A

Es el valor más aproximado.

105- C

Es el mejor dispositivo para eliminar aceites en pretratamiento

106- A

Crean un aumento de par en el arranque

107- C

Lo que se hace es variar la tensión, subiendo la intensidad y manteniendo la potencia

108- A

Es un dispositivo vital en los cuadros de motores

109- D

Su nombre lo indica

110- D

La bomba se conecta en triángulo ya que va a funcionar a la tensión inferior

111- B

Es recomendable tener la bomba en carga

112- A

Es la "etiqueta" de un equipo en planta

113- B

Estos tres materiales son los más comunes.

114- B

Son los planos finales de cómo ha quedado finalmente la desaladora.

115- B

Este dispositivo detecta el gas

116- C

3 contactores, temporizador y un relé de sobrecarga

117- A

La tubería super-duplex es normalmente las más utilizada actualmente en desaladoras de agua de mar

118- A

El resto de opciones no tienen sentido

119- D

Es importante comprobar que las soldaduras se han realizado correctamente debido a que la alta presión puede generar accidentes humanos o importantes roturas en piezas y tuberías

120- C

Esta entrada sigue siendo en baja presión

121- D

El láser garantiza un perfecto alineamiento

122- B

De hecho es el que se utiliza para proteger a las personas

123- A

RD 337/2014

124- D

Bastante resistente a corrosión del agua de mar

125- B

Registro de datos en una desaldora

126- A

Debe hacerse siempre cara los peldaños

127- D

Indica riesgo

128- D

Aunque lógicamente cuanto más ancha, mejor, este es el valor mínimo. A veces se utilizan tijeras automáticas para este fin

129- C

Debe utilizarse este tipo de electrodo

130- D

Es el más común a utilizar

131- D

En vez de desecharla sin uso, se aprovecha parcialmente para este fin

132- B

No llega a arrancar

133- A

Se establece un periodo para solucionar las deficiencias

134- B

Es un momento crítico y deben adoptarse medidas de seguridad

135- A

Fusibles e interruptores automáticos son los más adecuados

136- A

REBT

137- A

La válvula de control está trabajando en lazo con una señal que hace que vaya abriendo o cerrando para mantener la consigna.

138- B

En este caso la señal es la consigna del caudalímetro

139- B

Hay que proteger de la corrosión

140- A

REBT

141- B

En él se reflejan los equipos y la instrumentación de control

142- A

Por encima de este valor, se trabaja en media tensión. Una tensión normalmente utilizada es 5,5 ó 6 Kv

143- D

Siempre debe utilizarse un programa de normalización de datos para no incurrir en errores

144- B

También es comúnmente llamado "anti-incrustante"

145- C

Una bajada de flujo del 5% es un valor común

146- B

Trabaja sumergido. Es más normal encontrar actuadores IP67 en superficie, pero que pueden soportar descargas puntuales de agua

147- A

Siempre hay que cargar las membranas desde el lado de alimentación

148- B

Son los couplings o "Victaulic"(que es la marca más conocida)

149- C

No es un periodo de tiempo excesivo y basta con desplazar la salmuera

150- A

Se suelen utilizar rotámetros equipados con flotadores con señal magnética y eléctrica

151- A

Doble etapa: El rechazo alimenta el segundo paso.

Doble paso: El permeado del primer paso alimenta el segundo.

152- B

Con doble paso se consigue mucha mejor calidad de agua

153- B

Paralelo al eje, de ahí su nombre. Suelen utilizarse para grandes caudales y poca altura

154- D

Un rendimiento superior para bombas sumergibles tipo lápiz y con materiales de la gama dúplex es prácticamente imposible, y en caso de alcanzarse, no se justifica el sobrecosto económico

155- A

Se trabaja a una temperatura de unos 35ºC

156- B

Controla el flujo de agua en función del ensuciamiento y la señal de caudalímetro

157- B

Es la más utilizada

158- A

Se utiliza el calderín para evitar el trabajo en continuo

159- C

Los conectores llevan juntas tóricas para evitar contacto con el rechazo

160- B

Es un término económico que se debe manejar

161- A

Es el importe invertido para la construcción de la planta

162- A

El agua de cal antes del saturador no es agua de cal, sino lechada de cal

163- D

Es el material más utilizado en la línea de baja

164- D

Se produce por concentración de sales en la capa límite

165- A

Su nombre lo indica

166- C

El pH suele estar entre 7,5 y 8,5

167- C

Cuando baja de 4 o sube por encima de 20 mA

168- D

Se intenta que el agua esté lo más equilibrada posible

169- C

Es una de las opciones utilizadas

170- D

Inyecta la cal para la preparación de lechada

171- B

Son tamices automáticos con limpieza programada por tiempo o por pérdida de carga

172- A

La boya de baja protege a la bomba de aspiración en vacío

173- B

Se generan altas temperaturas en el bobinado

174- B

Aunque cada vez se están utilizando más los tipo radar

175- D

Y evitar golpes en las conducciones

176- D

Se produce más permeado

177- B

Se necesita saber el caudal, lógicamente

178- C

Ppm

179- B

Estos valores son comunes para los filtros abiertos

180- C

Hay que saber cuándo un valor se sale de rango en cualquier variable

181- D

Es bastante común y genera muchos problemas de operación

182-C

Aparte del fabricante, hay empresas especializadas en generar diagnósticos

183- B

Protege de la radiación solar

184- B

Cada vez se intenta minimizar más el consumo energético de forma medioambientalmente sostenible

185- C

El tamaño es mayor

186- C

También los polifosfatos

187- B

El impacto será normalmente menor

188- A

Aunque el caudal puede ser superior al de permeado, las velocidades también son superiores

189- D

Una velocidad tan baja no garantiza la refrigeración del motor

190- C

Equilibrar el agua

191- B

Oxidante muy poderoso a tratar con cuidado en desaladoras

192- C

Se utiliza para ver la idoneidad del agua para riego

193- D

Mientras el carbón no se agote es una buena garantía, aunque de alto coste

194- D

Norma sobre Seguridad y Salud en el trabajo

195- C

Primero el aire descolmata el filtro.

196- D

Ningún elemento se elimina al 100%

197- B

Se produce un filtrado natural

198- C

Trabajar con diferentes unidades es algo normal, por lo que la conversión de unidades ha de tenerse clara

199- C

La conversión de unidades es importante

200- C

Q=S*V

201- B

Hay que tener en cuenta posibles cavitaciones en válvulas de desaladoras

202- C

Es una relación directa

203- C

Debe protegerse al trabajador.

204- C

Con estas potencias el arranque debe ser suave

205- A

Es un reductor que se adiciona 3/1.

206- D

No está legalmente considerado como tal

207- A

Debe ser igual o mayor a la boca de aspiración

208- B

Lógicamente en el lado de alta presión

209- B

Hay un periodo de operación antes de la entrega al propietario

210- D

Es un coagulante

211- B

El disponible debe ser mayor. En desalación la bomba de alta deber recibir siempre presión positiva

212- A

Es una forma de amortiguar el golpe de ariete en impulsiones largas

213- D

La válvula de macho es actualmente la más utilizada

214- B

Pueden correlarse

215- B

´También llamado TDS (total de sólidos disueltos)

216- A

Los cloruros aportan mucha conductividad

217- C

Es la forma más usual de medirlo

218- D

No puede saberse sin tener en cuenta otras variables

219- B

Es importante proteger la válvula de la corrosión interna que sufre por el agua de mar

220- A

En general se desaconseja este tipo de montaje

221- B

Es un dispositivo de regulación eléctrica muy utilizado en válvulas

222- A

Explicado anteriormente. Importante concepto en contratos internacionales

223- C

Precaución en el diseño

224- C

Los lavados suelen generar pérdida de material

225- D

Supervisory Control and Data Adquisition

226- B

No, el cloro ha de ser eliminado antes de su entrada en las membranas

227- B

Técnico-económicamente más usado

228- B

Se estratifican por densidades

229- A

Debe regularse bien la velocidad. Suele ser de 25 m/h.

230- A

La sosa

231- D

Es uno de los valores para definir una bomba

232- C

Debe regularse la entrada-salida de aire en ese punto

233- D

Es un mantenimiento exhaustivo

234- C

Debe protegerse al trabajador

235- A

Debe protegerse al trabajador

236- B

Hay que tener precaución con esta mezcla. Mejor comprar ya preparada si es el caso

237- C

A 4 grados es el valor 1 g/cm3

238- A

Hay que dominar las unidades y su conversión

239- B

En el laboratorio el valor puede variar de forma significativa, sobre todo si hay distancia

240- C

No es siempre así esta correlación, pero sirve para hacer una aproximación

241- C

Desinfección durante 24 h

242- C

Este es un valor aproximado que figura.

243- B

El cloruro sódico es la sal más presente en el agua de mar

244- A

Es la salmuera final

245- B

Es la corriente que alimenta la Booster y da la recuperación energética

246-A

El resto genera trihalometanos en mayor o menor medida

247-B

Debe estar balanceado en mEq

248- A

Es imprescindible la estanqueidad total, por lo que se suelen utilizar las válvulas de macho.

249- B

El sello garantiza que no hay entrada de elementos extraños igualmente

250- B

Porque se accede a su interior desde arriba

251- B

No podemos verter al mar o cauce un vertido sin neutralizar

252- C

Las construidas en material plástico y con cierres especiales son las utilizadas

253- C

El deflector evita que las turbulencias y el aire afecten a la aspiración

254- A

Se utiliza en aguas residuales

255- D

Es la tensión ideal para evitar accidentes graves, aunque muchas siguen alimentando en 220 V

256- C

La camisa garantiza la refrigeración del motor

257- D

Es la forma oxidada

258- C

Son las siglas inglesas del poliéster reforzado con fibra de vidrio

259- C

Controla la evolución económico-financiera de un proyecto y es vital

260- C

El agua es agresiva cuando la saturación es mayor que el pH del agua

261- C

El incremento de presión debe ser muy paulatino para no dañar las membranas

262- B

La concéntrica podría permitir la entrada de burbujas de aire

263- C

Es un valor muy representativo de la necesidad de una Booster

264- D

Es un reductor que se adiciona cuando hay cloro libre

265- C

Los de baja están en los extremos (parte alta y baja en vertical) y los de alta o bien están en forma de cuerno, o bien están en el cuerpo del intercambiador

266- C

Es una protección necesaria para ambiente marina

267- D

Se utiliza en aguas duras con bajo sodio

268- B

Recuerda la ecuación de continuidad

269- D

Es un tipo de cierre de la tapa del tubo de presión

270- A

Lógicamente aumenta, pero hay que tener cuidado con la salinidad del rechazo

271- B

Es el cálculo hidráulico

272-B

Pruebas de puesta en marcha de la planta

273- D

El resto sí

274- D

Cualquiera de los 3 activado debería prohibir el arranque

275- A

Es por ello que deben normalizarse los datos

276- B

Son 1000 microsiemens, lo que obedecería a un rendimiento bajo de eliminación

277- C

Dado que la labor se realiza muy pocas veces

278- D

Es un valor muy utilizado

279- C

El permeado suele ser agresivo y de la lista el 904 L es el que mejor resiste la corrosión

280- B

Para convertirlo en borato y eliminarlo más fácilmente

281- A

Permite velocidades superiores y por tanto menor diámetro en colectores de Pxs

282- A

Se suele utilizar en algunas plantas grandes

283- A

Cuando no se activa

284- D

Detecta una posible fuga y cierra la salida de un depósito, por ejemplo

285-C

Forma de indicar la resistencia de un material a la corrosión

286- B

Filtro de mangas

287- D

Es la más adecuada para ambiente marino. Aún más que la C5 anteriormente utilizada

288- A

La conversión de unidades es importante

289- A

Sí

290- C

Mg/l

291- A

Permite el ahorro de gran parte de la tubería de alimentación y rechazo

292- D

El poliéster es el material más utilizado en baja presión

293- B

Bloqueo y señalización

294- C

Con la subida de la temperatura, empeora la calidad del permeado o agua producto

295- B

O para 1000 voltios

296- A

Es un medidor indicador de presión

297- B

Ver qué pasa con el secuestrante y analítica de agua de alimentación

298- D

Coger la bomba por el eje puede generar desviaciones

299- C

La curva genera menor pérdida de carga

300-C

Deben utilizarse las curvas para calcular las presiones y contrapresiones necesarias

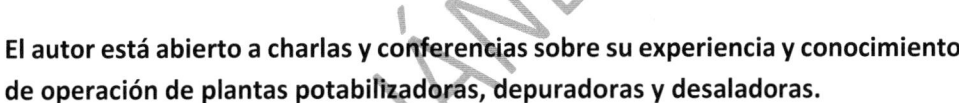

El autor está abierto a charlas y conferencias sobre su experiencia y conocimiento de operación de plantas potabilizadoras, depuradoras y desaladoras.

Para contactar, por favor, póngase en contacto con la editorial.

Gracias